世博会的科学传奇

人类的翅膀

赵致真 编著

中国科学技术出版社
·北京·

图书在版编目（CIP）数据

人类的翅膀 / 赵致真编著 . -- 北京：中国科学技术出版社，
2013.3（2019.9 重印）

（世博会的科学传奇）

ISBN 978-7-5046-5622-3

I. ①人…　II. ①赵…　III. ①飞行器 - 发展史 - 世界 - 普及读
物　IV. ① V47-091

中国版本图书馆 CIP 数据核字（2010）第 091541 号

策划编辑　肖　叶　郭　佳
责任编辑　郭　佳
封面设计　阳　光
责任校对　林　华
责任印制　李晓霖

中国科学技术出版社出版
北京市海淀区中关村南大街 16 号　邮编：100081
电话：010-62173865　传真：010-62173081
http://www.cspbooks.com.cn
中国科学技术出版社有限公司发行部发行
莱芜市凤城印务有限公司印刷
※
开本：700 毫米 × 1000 毫米　1/16　印张：7　字数：125 千字
2013 年 3 月第 3 版　2019 年 9 月第 2 次印刷
印数：48001—68000　定价：16.90 元
ISBN 978-7-5046-5622-3/V·52

前　言

　　我们的祖先一直在发明东西。但真正改变人类生存状态乃至地球面貌的伟大发明，都是二百年内的事。肇始于 1851 年的世博会如同"社会进步的计时员"，近代每项重大科学发明，几乎都在世博会留下了印记。回顾世博会历史，就是在重温近代科技的编年史。

　　以 160 年世博会的存续变迁为"经"，以各领域科技发展线索为"纬"，我们摄制了 20 集电视系列片《世博会的科学传奇》，试图对近代文明做一次最简略的概貌性巡礼和盘点。让灿若星汉的天才精英相率登场，展示他们成功的秘密和失败的根源，创造的艰辛和机遇的偶然，精神的崇高和人性的弱点。又试图让这部电视片成为一面筛子，将最有价值的人物和故事留下。并让公众看到未经扭曲和掩盖的历史真相，汲取遥远年代的智慧和哲理。

　　既要对浩瀚的近代科技发明史深钻细研，又要对芜杂的世博会历史广搜博览；既要有高屋建瓴的广阔视野，又要有缜密严谨的科学精神，然后将它们编织成一幅长卷。我们希望这部电视片成为自然科学和人文科学相会的地方，成为历史和人生的宏大讲坛。

　　中国科学技术出版社以《世博会的科学传奇》的文字本为基础，出版一套面向青少年的科普系列丛书，让这部电视片在另一个维度上获得了另一种形式的生命。发明创造是最高级、最复杂、最活跃的人类实践，青少年是最重要、最可塑、最美好的人生阶段。如果这部电视片和这套书能让青少年在成长道路上多一些奋发和进取，在知识结构中多一些科学和人文，在精神食粮中多一些铁质和钙质，并能更清楚地看懂今天的世界，我们就感到无比欣慰了。

　　直接参与《世博会的科学传奇》电视系列片制作的主要人员是：张戟、石易、王俊、蒋应佩、纵红雨、邹蒨、刘术飞、刘艳萍、刘颖、候钢、王海智、方毅、王勇、邓哲、李伟、林红、刘冬晴、曹黎、江涛、李耘、李涛、陈子剑、高淑敏等。这套书中同样有他们的辛勤劳动。

赵致真

2010 年 5 月

目 录

人类的翅膀

世界十大繁忙机场的排名次序虽然不断变化，但旅客吞吐量却全都扶摇直上，2008年已经突破6.5亿人次。我们这颗行星的大气层中，每天有300万人在"展翅飞翔"，航空已经成为最快捷、舒适、安全的交通方式。作为四肢动物出身的人类，如今能高高凌驾于鸟类之上，频频穿梭于云霄之间，这是科学技术的奇迹和现代文明的礼赞。

第一篇

飞天的梦想

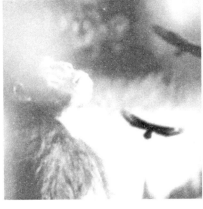

● 人类大约在直立行走后便有了飞天的梦想

● 中国古老的风筝无疑是最早的飞行器

● 1783年6月4日，法国造纸商蒙特高菲尔兄弟在烟熏火燎中放飞了历史上第一只热气球

● 此后又将小羊、公鸡、鸭子装进吊篮升到空中

● 法国皇帝路易十六独出心裁，打算把两名待决的犯人送上热气球

● 科学家奇埃认为热气球不是刑具，人类第一次航空的荣耀更不应属于罪犯

● 靠着公爵夫人波拉斯特龙的支持，1783 年 11 月 21 日，奇埃和青年军官科特迪瓦乘坐着高 23 米、直径 14 米的巨大热气球，在 900 米的巴黎上空飞行 25 分钟，成为万古蓝天的第一次来客

● 10 天之后，科学家查理和罗伯特首次乘坐丝绸和橡胶涂层制成氢气球飞行 2 小时 5 分钟，占巴黎总人口一半的 40 万观众见证了这次壮举

● 由于热空气密度低，氢气比重小，所以两种气球都是"轻于空气的飞行器"，依照阿基米得浮力定律上升

● 查理还发现了著名的查理定理——当压力不变时，理想气体的体积和温度成正比

● 1785 年 6 月 15日，奇埃和罗曼乘坐氢气和热空气并用的气球跨越英吉利海峡，不幸在空中失火坠毁，成为航空史上第一例殉难者，人类的"登天之路"从起步就交织着浪漫与悲壮

第二篇

吊篮飞行器时代

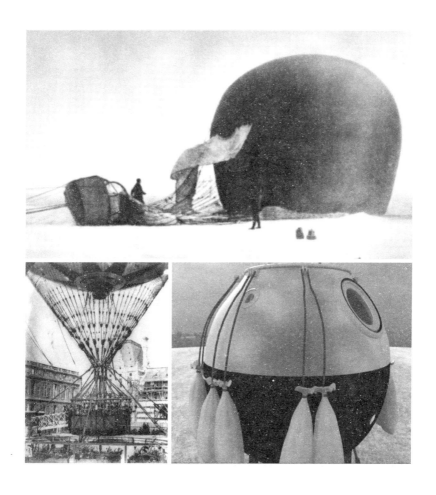

● 早期的历届世博会上，气球几乎总是营造氛围和招揽游客的常规选项

● 1867 年巴黎世博会期间，著名摄影师纳达尔带着参观者乘坐气球游览各展区并一路进行航拍

● 中国外交官黎庶昌曾于 1878 年巴黎世博会后登上氢气球，并在《西洋杂记》中作了记载

● "球下悬大圆木筐，为站立处。可容 50 人"，"球皮用布缝成，涂以印度胶、松香、白油"，"若无绳可升至四五千买特尔，再上则人不能呼吸矣。"这是中国人对气球的最早描述

● 1876年费城世博会

● 专程从瑞典赶来开阔眼界的22岁青年安德鲁（右）找了份瑞典馆看门人的差事，并有幸结交了渴慕已久的美国气球专家怀斯（左），接受了气球制作和飞行的启蒙教育

● 回国后，安德鲁很快成为瑞典气球航行的开拓者

● 1897年7月11日，在科学考察和为国争光的激情驱动下，安德鲁带领工程师富兰克尔和摄影师斯汀德伯格乘坐鹰号气球升空，计划飞越北极后在加拿大或俄国着陆

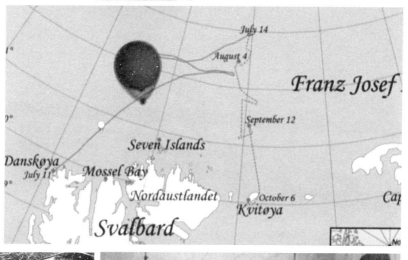

● 盛大的送行场面令人难忘，国王奥斯卡二世和"炸药大王"诺贝尔都以个人名义捐献巨款赞助这次历史性远航

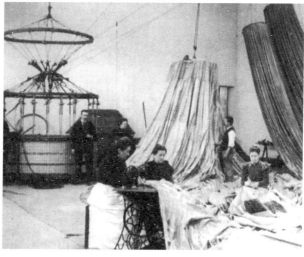

● 安德鲁过分乐观于极昼的光明和"无植被障碍"的坦途而低估了未知的凶险

● 飞行仅仅41小时后，气球便因氢气泄露而降落在北极冰原，三位壮士的信鸽和漂瓶再也没有带回消息

● 直到 1930 年，一艘挪威海豹捕猎船发现了安德鲁和两位同伴的遗骸，斯汀德伯格临终前留下的 200 多张珍贵照片也大白于天下

● 1930 年 10 月 15 日，瑞典全国下半旗志哀，斯德哥尔摩广场举行了最庄严宏大的国葬仪式，迎接 33 年前出征的儿子魂归故里

● 鹰号气球的全部遗物由瑞典博物馆北极探险中心收藏

● 1933~1934 年芝加哥世博会专门定制了 17000 立方米的世界最大气球百年进步号

● 特邀 1931 年首次进入同温层的德国工程师奥古斯塔·皮卡德（左）来美国表演。奥古斯塔·皮卡德却推荐他的孪生兄弟、美国化学家让·皮卡德（右）主持飞行

● 1933 年 11 月 20 日，尚未取得美国航空执照的让·皮卡德请来海军航空员赛特尔和伏特尼登上气球，一举飞临 18665 米高空，打破了苏联人普罗科菲耶夫当年创造的世界纪录

● 1934 年 6 月 6 日，让·皮卡德的妻子珍妮特在汽车大王福特的支持下拿到了飞行执照。10 月 23 日，夫妻二人结伴同行，乘坐百年进步号飞抵 17672 米的高空

● 珍妮特成为人类历史上第一个进入同温层的女性并做了 NASA 的发言人。 这次"伉俪双飞"考察了宇宙线、偏振光和大气臭氧层

● 皮卡德兄弟是气球压力密封舱的发明者

● 当飞行高度超过海拔 3700 米将进入生理困难区，稀薄的空气含氧少、压强小而影响呼吸造成缺氧

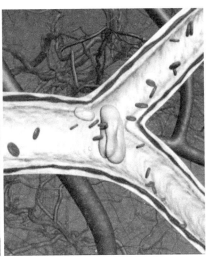

● 并使血液中溶解的氮气"冒泡"引起血管栓塞

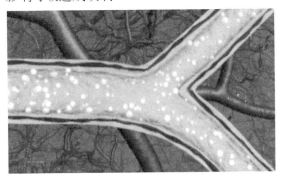

● 如果超过 19000 米，体内的水就会沸腾了

● 1875 年 4 月 15 日，法国科学家提森迪尔乘坐热气球飞抵 8600 米高空，导致同伴斯皮内利和西维尔缺氧死亡，提森迪尔永久性耳聋

The balloon basket and equipment items used by Gray on his altitude flights. Note the five

● 1927 年 5 月 4 日，美国航空家格雷乘坐气球创造了 13222 米的世界纪录，但因跳伞逃生而未能获得承认

● 11 月 4 日格雷再次达到这一纪录，却因氧气供应故障而未能生还。从此吊篮式高空气球不再使用

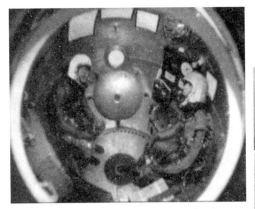

● 皮卡德夫妇的压力密封舱不但让飞行员处于和地面气压相近的小环境中，还首次将化学反应供氧系统改为液态氧系统

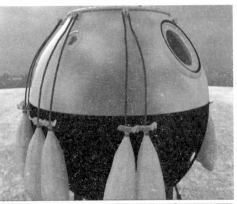

● 还设计了除霜玻璃窗

● 并且在升空时用遥控雷管炸断多根牵引绳索确保平稳飞行

● 1933 年芝加哥世博会为近代航空史写下了浓墨重彩的一页

第三篇

飞艇的兴盛与衰落

● 乘坐气球很难产生"御风而行"的快感，因为气球和空气是相对静止的

● 只能靠拉动绳索做有限的控制

● 将正圆的气球变为流线型并加上动力和操作系统，便摆脱了在空气海洋中随波逐流的命运而能够自主驾驶了

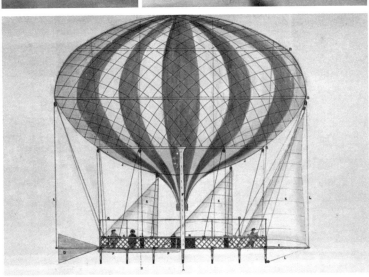

● 1851 年伦敦世博会期间，澳大利亚人博兰德设计了一艘大型蒸汽机飞艇，虽然在水晶宫展出了模型，但此后并无下文

● 1852 年 9 月 24 日，法国人吉法德制造的 44 米飞艇使用 3 马力蒸汽机，在巴黎上空飞行 27 公里，宣告了飞艇正式诞生

● 1900 年巴黎举办世博会，石油大亨莫尔特设立了 10 万法郎的飞艇赛大奖，条件是从圣克劳德公园起飞，环绕埃菲尔铁塔一周后返回原地，时间不得超过 30 分钟

● 巴西飞行家杜蒙特 1901 年 10 月 19 日驾驶着内燃机驱动的 6 号飞艇完成了全部规定动作

● 虽由于机械故障迟到 40 秒，最终仍赢得这项大奖，并在欧洲掀起了空前的飞艇热

● 1904 年圣路易斯世博会是人类飞行的第一次盛会，组织者拿出 20 万美元巨款筹办航空比赛

● 华盛顿大学 57000 平方米的赛场周围砌起 9 米高的围墙，修建 2 座大型机库，并为所有飞艇和气球免费提供氢气

● 美国资深飞行家沙尼特主持制定了 8 个项目比赛规则，包括高度、速度、耐力、距离的较量

The rules and regulations of the event

The organizers came up with a whopping $200,000;

The course layout

The whole event was premature. Aviation was not yet ready for such a competition. The only heavier-than-air craft to make flights at the exposition was William Avery who for two weeks made almost daily flights in a glider.

The only other "aircraft" to appear at the St Louis

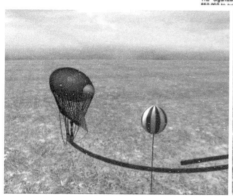

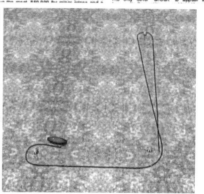

● 飞行器沿 L 形线路行驶 3 个回环后降落在出发点 46 米以内，平均速度不得低于每小时 24 公里，优胜者能获得 10 万美元奖金

● 尽管允许一切飞行器参加，但登场的主角无疑是飞艇

● 莱特兄弟虽然已经成功制造了第一架飞机，但考察世博会竞赛现场和游戏规则后决定知难而退

● 1904 年 10 月 25 日，鲍德温的飞艇"加利福尼亚之箭"使用 9 马力的柯蒂斯双缸发动机，用 1 小时 31 分钟飞完 17 公里赛程获得优胜

● 虽然因速度稍慢未能拿到大奖，但这次世博会却拉开了美国向天空进军的序幕

● 1906 年 6 月 14 日，一架柯蒂斯蒸汽机飞艇绕华盛顿纪念碑和国会大厦飞行后降落在白宫草坪，引起全国极大的轰动。驾驶者就是日后名声大噪的特技飞行员比奇

● 德国航空先驱齐柏林开创了飞艇的黄金时代

● 1900 年 7 月 2 日，128 米长的齐柏林 1 号在康士坦茨湖上空飞行 18 分钟，这是历史上第一架"硬飞艇"

气囊

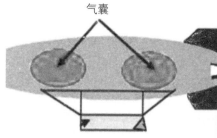

龙骨

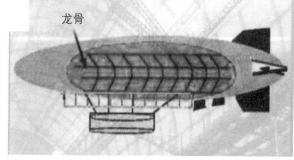

● 靠内部气囊压力维持飞艇形状的是"软飞艇"，底部使用刚性龙骨的是"半硬飞艇"

人类的翅膀

● 齐柏林1号具有整体的金属框架和布面外壳

● 重达13吨，用2台15马力的戴姆勒发动机推进

● 肚子里17个"鱼鳔"般的巨大气囊充满11300立方米氢气

● "鱼鳔"在低压环境下膨胀则飞艇上升，"鱼鳔"被空气压缩则飞艇下降

● 1910 年齐柏林
飞艇公司开通第一
条商用航线，此后
留下了光荣而传奇
的履历

● 1929 年 8 月 8 日，在美国报业巨头赫斯特赞助下，长达 237 米的"世界巨人"
格拉芙齐柏林号飞艇从美国新泽西出发

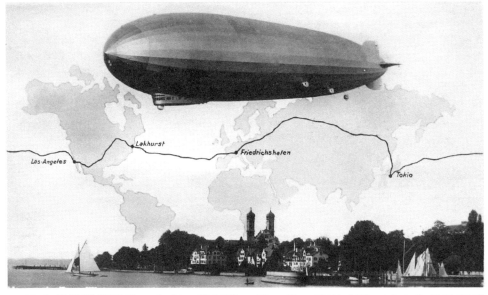

● 途中停靠腓特烈港、东京、洛杉矶，于 9 月 4 日完成了 49618 公里的环球之旅

● 随行美国记者玛格丽特成为世界第一个环球飞行的女性

● 接着开通了法兰克福到北美和巴西的定期国际航线，让洲际交通形成了天空海洋殊途同归的立体格局

● 1931 年 6 月，格拉芙齐柏林号又和苏联破冰船马雷金号同赴北极科学考察，这是大型飞艇首次从极地冰原凯旋

● 用飞艇进行北极探险的先驱应该首推意大利

● 1926 年 5 月，意大利航空家诺拜耳便和挪威著名探险家阿蒙德森合作

● 他们驾驶半硬式飞艇诺基号从挪威启程，首次飞过北极上空降落在阿拉斯加

● 但这对伙伴在爱国心驱使下，对荣誉归属发生激烈争执。诺拜耳回国后招募清一色的意大利人，新建造的飞艇直接命名意大利号

A NORTH POLE TRYST – OF AIR AND WATER?
If proposed dramatic rendezvous of the giant zeppelin under command of Dr. Hugo Eckener and the submarine Nautilus, under command of Sir Hubert Wilkins, should materialize as hoped, the Arctic will witness

● 1928 年 5 月意大利号再次进行北极探险，结果在恶劣气候下坠毁，造成 7 人死亡。所幸诺拜耳和 11 名成员在国际援救下得以生还

● 阿蒙德森听到诺拜耳遇险的消息后立刻捐弃前嫌，带领法国飞机来瑟姆47号飞赴北极援救昔日的战友和对头，但却就此一去无踪，留下了航空史上永远的谜团

● 英国同样是早期飞艇研制的先驱。R100飞艇流线型身材和16边形腰身比齐柏林飞艇更符合空气动力学原理

● R100飞艇俨然是一个五星级的两层楼空中旅馆，有宽大的餐厅和观光玻璃窗，豪华的双人舱和4人舱可接待100位旅客，而格拉芙齐柏林飞艇仅能乘坐20人

● 1930 年 7 月 29 日，R100 飞艇从卡丁顿出发，经过 78 小时 5300 公里飞行抵达蒙特利尔

● 在加拿大停留期间每天有 10 万公众赶来参观

● R100 载着当地旅客在多伦多、渥太华、尼亚加拉瀑布上空纵览山川之胜

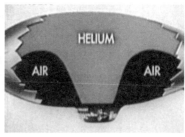

● 虽然氦的比重为 0.18，浮升性能略逊于比重为 0.09 的氢，但作为惰性气体，氦比可燃性极强的氢更为安全

● 美国 1923 年制造的圣南多号飞艇首次使用氦气

● 当年只有美国能生产氦，圣南多号 6 万立方米的氦气几乎是全世界的总量

● 20 个气囊则用掉 75 万根牛肠的外膜

● 美国古德伊尔公司 1933 年完成的阿克朗号和 1935 年完成的姐妹艇麦肯号都是世界最大的飞艇

● 美国帝国大厦 1931 年落成时，顶上便专门设置了飞艇系泊塔

● 1933 年芝加哥世博会上，古德伊尔公司的飞艇每天载着客人在展区上空兜风

● 格拉芙齐柏林飞艇接受特别邀请，从巴西至德国的航班中抽身到芝加哥世博会访问，美国为此专门发行了纪念邮票

● 但格拉芙齐柏林号飞艇上的纳粹标记引起巨大争议和激烈冲突

● 格拉芙齐柏林的艇长并不支持希特勒政权，刻意让飞艇沿顺时针方向在世博会场上空绕行，使涂在尾翼左舵上的纳粹标志无法向公众展示

● "轻于空气的飞行器"体态臃肿而行动迟缓，秉性本不尚武，但却从诞生之日就卷入了战争

● 1849 年 8 月奥地利为镇压"圣马可共和国"独立，曾用 200 个气球带着延时导火索炸弹飘向包围中的威尼斯城。虽然风向不作美，但人类社会却第一次有了空袭

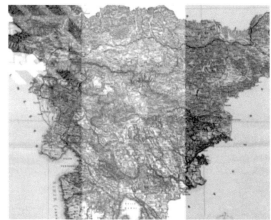

● 1870年普法战争中拿破仑三世大败于色当

● 普军接着将巴黎围得铁桶一般，国防政府无法和地方取得联系

● 双腿已经跌残的纳达尔建议乘坐气球飞越封锁线

● 9月21日纳达尔首次出征，将政府文件成功送到了图尔的法国军营

● 由于气球不能驾驶只能随风飘荡，并且遭到普军炮火射击，出城的信使常失之百里更无法返回，全靠携带信鸽寻道归巢

● 巴黎被困 4 个月间共放飞气球 66 个, 派遣 102 人, 其中 58 个气球完成了使命

● 最重大的一次战略飞行是政府内务部长甘必大 10 月 7 日夜间亲自乘坐气球飘出巴黎，到图尔组织了法国抵抗力量

● 飞艇则是人类战争中最早的"空军"，第一次世界大战期间，英国、德国、意大利都用飞艇轰炸敌方领土

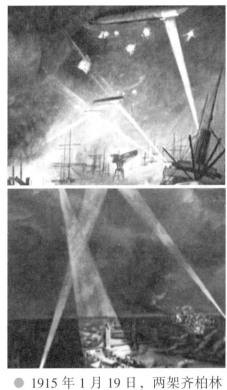

● 1915 年 1 月 19 日，两架齐柏林飞艇首次空袭伦敦，投下 24 枚 50 公斤炸弹

● 飞艇飞得高、载重大、航程远，多个分离的气囊内压力稍高于外部环境，弹孔造成的慢撒气不足为患

● 英国采用了新西兰人泼默罗伊发明的"开花子弹"，能引起飞艇的氢气燃烧

● 为避免被探照灯锁定后成为活靶，齐柏林飞艇躲在云层之上，用缆绳放下潜望舱指挥轰炸

● 从 1915 年到 1918 年，共有 115 架齐柏林飞艇投入战争

● 发动空袭 51 次，丢下 5800 枚炸弹。炸死 557 人，炸伤 1358 人

● 齐柏林飞艇损失 77 架，所失大于所得 5 倍

人类的翅膀

● 1918 年 8 月 5 日，最后一次行动中，德国海军飞艇司令斯特拉瑟丧生

● 斯特拉瑟关于纵深打击和远程空袭的军事思想首次破除了前方后方的概念，对未来的"总体战"具有重大影响

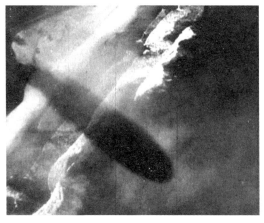

● 但寄望于齐柏林飞艇也许太勉为其难和用非所长了

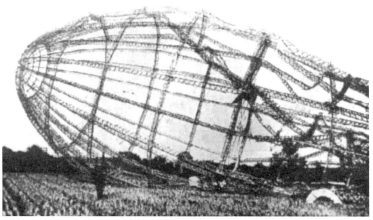

● 飞艇家族的衰败和消亡是航空史上最富有悲剧色彩的章节

● 1922 年 2 月 21 日，美国从意大利购买的世界最大飞艇罗马号在弗吉尼亚碰上高压电线起火燃烧，此后美国才开始用氦代替氢作为浮力气体

● 1925 年 9 月
3 日，圣南多号
在俄亥俄被雷
暴撕成碎片

● 1933 年 4 月 4 日，阿
克朗号在新泽西海岸遇到
狂风而坠入大西洋，创下
73 人丧生的飞艇惨案纪
录，被罗斯福总统称为
"国家的灾难"

● 1935 年 2 月 13 日，安康号飞艇又在加州葬身太平洋

● 欧洲也传来坏消息，1930 年 10 月 5 日，刚刚建成的英国 R101 号飞艇在法国坠毁，48 人丧生，艇上的柴油烧了 24 小时

● 最著名的飞艇事故发生在 1937 年 5 月 6 日，齐柏林飞艇兴登堡号在新泽西基地着陆时，尾部泄漏的氢气被静电火花点燃

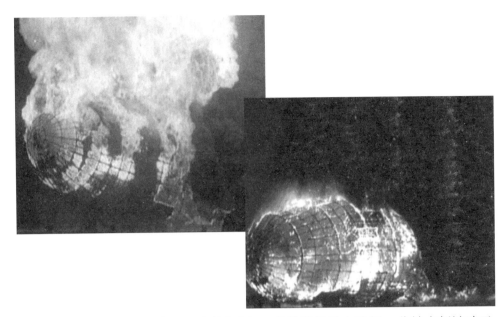

● 这条长 245 米、仅比泰坦尼克轮船短 24 米的世界最大飞艇一分钟内便被冲天大火完全吞噬，36 人丧生。芝加哥电台记者纳尔森用颤抖的声音报道了现场实况，他的感叹"啊，人类！"成了一句传世名言

● 齐柏林飞艇素来以安全航行而声誉卓著，这次灾难让世界不再对飞艇抱有信心

● 罗斯福总统曾答应向齐柏林公司提供氦气,但德国并吞奥地利使美国收回了承诺

● 1940 年 4 月,纳粹元帅戈林下令关闭齐柏林公司,并拆除厂房和已经建成的 LZ130 型新飞艇,将宝贵的铝用于生产战斗机

● 曾经辉煌的飞艇时代黯然谢幕了，不仅因为氢气的易燃，氦气飞艇同样暴露了轻于空气的"虚胖子"对风的高度敏感和对恶劣天气的脆弱应变能力

● 还有一个重要原因，便是飞机已经"翅膀硬了"并开始翱翔蓝天

第四篇

飞机的诞生

● 人类千百代祖先曾经仰望着天空的鸟类沉思和遐想

● 肋生双翅的神仙与骑着扫帚的女巫屡见于各民族的传说

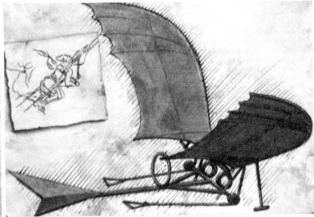

● 1485 年，达·芬奇研究了鸟类的身体结构和飞行动作，绘制出仿生学的四肢驱动"朴翼机"。这是第一个"重于空气的飞行器"

● 此后五花八门的"鸟人"多不胜数

● 但鸟类骨骼的空腔结构和肌肉的极高效率却是人体永远无法攀比的

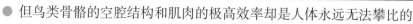

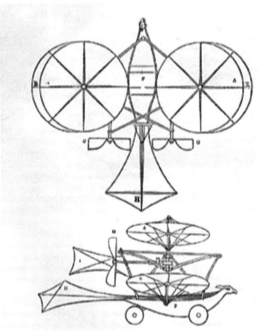

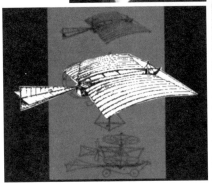

● 1799 年，英国工程师凯莱绘制了具有机身、机翼、垂直尾翼和动力装置的飞行器蓝图，确定了现代飞机的基本布局和框架

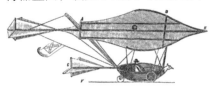

● 1849 年凯莱制作的滑翔机载着 10 岁儿童离开了地面

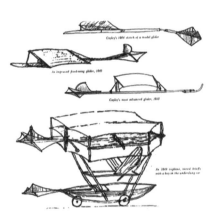

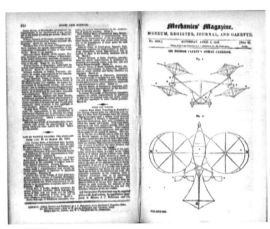

●凯莱还系统研究了重力、升力、阻力、推力四大要素

● 他的著作《关于空中飞行》是航空理论大厦的第一块基石

● 飞利浦 1893 年构想的飞机竟有 50 个翅膀，1904 年精简为 20 个

● 德国伟大的飞行家李林塔尔创造了悬挂式滑翔机

● 李林塔尔在柏林附近建造一座圆锥形山丘，飞行试验超过 2000 次

● 1896 年 8 月 9 日，多次出生入死的李林塔尔在飞行中遇难

● 这位"蝙蝠侠"临终留下最后一句话"必须要有牺牲"，成了他不朽的墓志铭

● 美国的蓝天
上同样活跃着
探索者们不倦
的身影

● "航空教父"沙
尼特发明的双翼滑
翔机采用支撑线桁
架结构

● 1893年芝加哥世博会上，沙尼
特组织了国际航空大会

● 沙尼特的著作《飞行器的进步》
成为早期航空学经典

● 史密森尼学会第三任会长兰利也是美国航空事业的重要开拓者

● 1896 年 5 月 6 日，他将 1 马力蒸汽机安装到 2.13 米翼展的模型飞机上，在泼托马克河成功飞行了 1005 米

● 这是人类首次用动力机械把"重于空气的飞行器"送上天空

● 麦金莱总统大为振奋，美国军方慷慨提供 5 万美元，史密森尼学院追加 2 万美元，资助兰利的"有人驾驶飞机"计划

● 1903 年 10 月 7 日，兰利在泼托马克河上进行第一次试验，新建造的飞机翼展 16 米并安装着 52 马力发动机

● 但刚刚升空就一头栽进水里

● 12 月 8 日的第二次试验结果更惨，飞机一离开弹射架便折断翅膀。驾驶员曼利两度从河里被仓皇救起

● 成功的模型按原比例放大就不再意味着成功，许多国会议员开始诅咒"兰利的蠢动"

● 纽约时报记者甚至断言，人类驾驶的飞机至少还要等 1000 年

● 但这个"1000 年"的预言只用 9 天就被俄亥俄自行车修理商莱特兄弟打破了

● 1903 年 12 月 17 日，北卡罗来纳州基蒂霍克的无名沙滩变成了人类航空的圣地，奥威尔·莱特驾驶着云杉木和穆斯林布制成的双翼飞机冲出滑轨飞向空中

● 虽然只在 3 米多高的"天上"停留 12 秒，飞行 36.5 米，但却是航空史上第一次"重于空气的飞行器"在机器驱动下的可操纵飞行

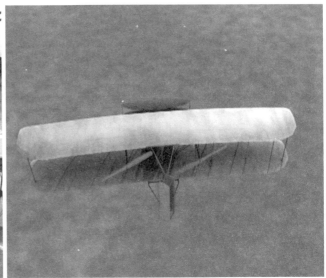

● 莱特兄弟的最大突破是通过操纵杆拉动连线与滑轮，改变机翼末端的攻角和舵的方向，对飞机进行三个轴向的控制

● 风洞试验则使机翼和后置的双螺旋桨达到最高效率

● 泰勒为飞机量身定做的 12 马力 4 缸发动机同样是成功的关键

● 1901 年以来，莱特兄弟进行了 1000 多次滑翔机飞行

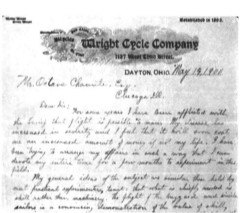

● 纠正了李林塔尔的错误数据，并和著名飞行家沙尼特通信 400 多封探讨航空理论

● 历史选择莱特兄弟揭开飞行的新篇章绝非出于偶然

● 然而莱特兄弟的成功非但没有引起巨大轰动，甚至没有得到社会承认

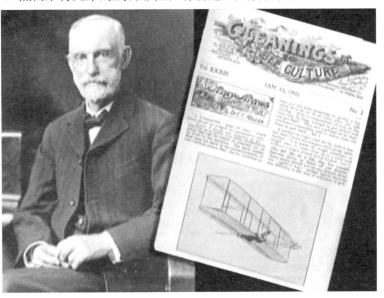

● 最早的报道仅见于1904年鲁特主办的小杂志《养蜂文化琐谈》

● 1904 年圣路易斯世博会上航空热达到沸点，却压根没有莱特兄弟的影子

● 史密森尼学会的
展馆里，赫然高挂
着兰利 1903 年掉
到河里的飞机

柯蒂斯

贝尔

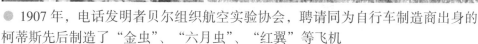

● 1907 年，电话发明者贝尔组织航空实验协会，聘请同为自行车制造商出身的
柯蒂斯先后制造了"金虫"、"六月虫"、"红翼"等飞机

● 1909 年巴黎首届国际航空比赛中，柯蒂斯制造的飞机获得大奖

● 莱特兄弟 "在沉默中爆发" 了

● 1909 年 11 月 27 日，莱特兄弟将柯蒂斯和几家外国公司告上法庭，指控他们侵犯了 "翘曲机翼控制" 的专利权

● 这是一场心力交瘁的持久战

● 沙尼特在证言中反对"垄断天空"，明确表示"不相信调整机翼控制的原理应该成为专利"，致使莱特兄弟和这位恩师多年的友谊毁于一旦

● 1912年5月30日威尔伯·莱特患伤寒病去世

● 直到1914年美国法庭才最后宣判了莱特兄弟有限的胜诉，但他们在航空界的领先地位已丧失殆尽。美国的飞机工业也因这场专利之战备受拖累

67

● 美国政府决定出面干预，美国成立了飞机制造者协会，缴纳最低会费后便可享有一切技术专利

● 后人评价莱特兄弟的诉讼只能算是"比鲁斯的惨胜"

● 和"专利之战"相关的一大折腾是莱特兄弟的飞机"流亡"到英国长达 20 年

● 诉讼对手柯蒂斯为了让莱特兄弟 1903 年首次飞行的专利缩水贬值，于 1914 年向史密森尼学会提出重新测试 1903 年兰利栽到水里的飞机

● 这一动议对史密森尼学会可谓正中下怀，时任会长瓦尔考特慨然应允并资助 2000 美元

● 1914 年 5 月 28 日，柯蒂斯宣布 1903 年的兰利飞机在纽约哈蒙兹波特飞行成功

人类的翅膀

● 史密森尼学会也跟着理直气壮地断言，兰利的飞机才是历史上第一架"能够"载人的动力飞机

● 柯蒂斯和史密森尼学会都有意
隐瞒了一个最基本的事实

● 那便是兰利的"遗产"之
所以起死回生，是因为在柯
蒂斯的工厂里进行了多项根
本性改造和重建，此飞机已
不是彼飞机

● 1915年旧金山世博会上，史密森尼学会展馆大门最显要的位置便悬挂着兰利
的飞机

● 奥威尔·莱特闻讯后非常愤怒，为抗议史密森尼学会和柯蒂斯的幕后交易并讨回公道，1928 年 2 月 11 日将"莱特飞机"运到了英国科学博物馆

●第二次世界大战中这架飞机和其他英国国宝一起保存在伦敦郊外 30 米深的秘密地下仓库

● 历史很忍耐地等待着正义降临

Further Proof Not Needed, Say the Wright Brothers.

Ohio Inventors Will Make No Exhibition Test of Their Flying Machine Nor Permit Examinations, Maintaining That Prospective Purchasers Are Satisfied.

POWERFUL GOVERNMENT ONLY CUSTOMER LOOKED FOR.

● 史密森尼学会慑于美国民众的呼声和学术腐败的指责终于改变了态度，在1942年度报告中正式承认"兰利飞机1914年测试"有重大改造

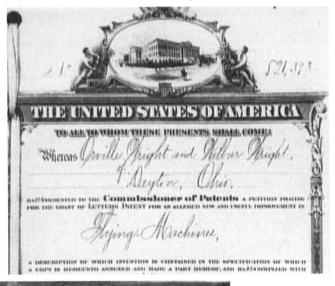

GOOD-BYE. Mr. G. Tomlinson, Minister of Education, speaking at the handing-over ceremony held when the Wright biplane left its place of honour at the Science Museum.

The Original Wright Returns to America: Reminiscences of the Early Flying Days

● 1948 年 10 月 28 日莱特飞机离开伦敦科学博物馆

● 1948 年 12 月 17 日，远走他乡的"莱特飞机"终于回归美国并挂在史密森尼工业艺术博物馆最显要的大厅

● 奥威尔·莱特却已经
在 11 个月前溘然长逝

● 仰望着这架
历尽沧桑的始
祖飞机，也是
在聆听光环之
下和人性深处
无需掩盖的历
历往事

第五篇

为了飞得更远

● 1915 年旧金山世博会期间，美国国家航空咨询委员会成立，这就是 NASA 的前身

● 贝尔领导的航空实验室改进了莱特的"翘曲机翼"，发明了更加灵巧自如的副翼

● 早期的飞行明星也横空出世了

● "特技之父"比奇驾着双翼飞机在旧金山世博会庞大的机械馆里盘旋和起降，创造了世界第一个室内飞行记录

● 早在 1911 年 6 月 27 日，比奇就曾经飞掠尼亚加拉瀑布水面钻过蜜月大桥

● 1914 年 5 月 23 日，比奇和名车手欧德费尔德进行"天上和地下的赛跑"而轰动一时

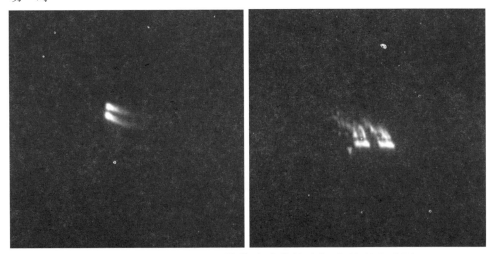

● 他的"垂直滚翻"、"死亡下坠"等惊险动作能让胆小的观众昏厥

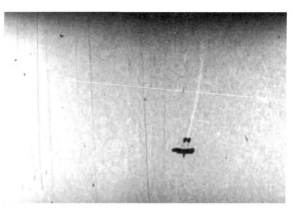

● 1915年旧金山世博会的一大看点，便是请这位"用飞机做画笔的蓝天艺术家"现场表演

● 1915年3月14日，比奇使用全新的80马力伊顿单翼机飞到世博会展区600米上空

● 不幸在完成特技动作时机翼折断而坠入旧金山海湾

● 这位多次死里逃生的一代天骄当着 5 万多名观众被淹死

● 比奇的陨落成为 1915 年旧金山世博会永远的伤痛

Orteig $25,000 Prize

...ORK —— NEW YORK·PARIS

...ans-Atlantic Flight

...tique Internationale of Paris, France, and
...es of America of Washington, D. C.)

● 1919 年 5 月 19 日，纽约旅馆业大亨奥泰格悬红 2.5 万美元，奖给纽约到巴黎之间第一位直航的飞行员，有效期 5 年

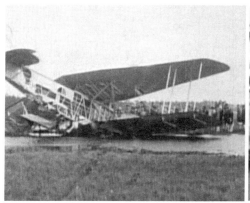

● 但纽约至巴黎的远征却在 5 年间无人揭榜，"奥泰格奖"宣布再延期 5 年

● 从 1926 年 9 月至 1927 年 5 月，先后有法国、美国飞行家 4 次冲击这一目标但均未成功，付出了 6 人牺牲、4 人受伤的沉重代价

● 1927年5月20日清晨，25岁的美国航空邮政飞行员林德伯格孤胆只身驾驶着圣路易斯精神号单翼机从纽约罗斯福机场升空

● 这是一架非常简陋的小飞机

● 除了机身使用金属框架，14米长的翅膀完全是用木材和布料制成的

● 瑞安飞机公司和设计师霍尔精简了一切不必要的负荷，以便装载1700公升汽油

● 林德伯格抱定破釜沉舟的决心，除了一台地磁罗盘外，毅然放弃携带无线电和降落伞等设备

● 5月21日夜间，历经33小时30分飞行5810公里，圣路易斯精神号成功降落在巴黎布尔歇机场，15万公众潮水般涌向这位"天外来客"

● 法国总统杜梅格授予林德伯格荣誉军团勋章

● 美国总统柯立芝专门派遣孟斐斯号巡洋舰将林德伯格接回美国

● 盛大的欢迎仪式上，林德伯格接受了杰出飞行十字勋章

● 美国历史上还没有任何普通人"一飞冲天"，成为头号国家英雄

● 林德伯格后来撰写的回忆录《圣路易斯精神号》获得普利策新闻奖

● 他留下的名言是：
"我不相信鲁莽的机会，
但什么机会都不抓住将
一事无成。"

人类的翅膀

● 飞机的下一个远大目标该轮到环球航行了

● 1924 年 4 月 6 日,美国海军 4 架道格拉斯飞机由 8 名飞行员分别驾驶编队启程

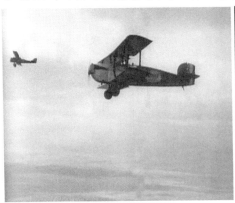

● 其中两架飞机于 9 月 28 日返回西雅图。历时 175 天, 行程 44360 公里

● 单人环球飞行的第一次壮举是美国"独眼雄鹰"泼斯特完成的

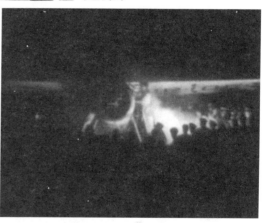

● 1933 年 7 月 15 日，泼斯特驾驶着洛克希德飞机维嘉号从纽约出发

● 途经柏林、莫斯科、伊尔库斯科，7 月 22 日平安归来，仅用 7 天 18 小时 49 分

● 泼斯特的一大贡献是成功设计了压力航空服，硬橡胶和纺织材料壳体有活动关节

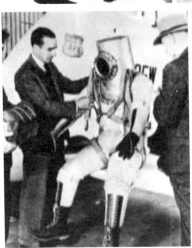

● 密封的铝制头盔、皮革手套、橡胶靴子，为平流层飞行提供了贴身的安全小环境

● 阿波罗 10 号指令长斯塔福德说，"我每次穿上宇航服就想起了泼斯特"

● 1933 年芝加哥世博会首次设立了航空馆，这是对飞机"黄金时代"的阶段性总结

● 各大航空公司展示了国内航线图，总营运量从 1926 年的 740 万公里猛增到 1932 年的 8000 万公里，其中 40% 为夜航

● 1921 年 11 月 12 日韦斯利第一次用"杂技动作"站在飞行的机翼上，往同伴的油箱里倒了 19 公升汽油

● 而 1930 年用橡胶软管进行的空中加油已经能使飞机续航 27 天不落地

● 德国工程师德阿斯卡尼奥 1930 年开始生产同轴双旋翼直升机

● 过份乐观的房屋开发商甚至没有忘记为"明日住宅"设计家用飞机库

第六篇

日新月异的飞行新时代

● 1933 年芝加哥世博会上占尽风光的明星群体，是意大利空军司令巴尔博亲自率领的"蓝天舰队"

● 24 架马尔凯迪水上飞机按照 V 字形整齐编队飞越大西洋，创造了速度、高度、载荷的世界纪录

● 7 月 15 日降落在芝加哥世博会场密歇根湖面，进行了 4 天特技飞行表演

● 芝加哥市长为表达对贵客的盛情，将第七大道改名为巴尔博街

● 并将墨索里尼赠送的公元 2 世纪罗马柱竖立在意大利馆前

● 今天的巴尔博街熙攘如故，罗马柱仍在密歇根湖畔伯纳姆公园茕茕孑立，依稀记证着当年的狂热和繁盛

● 人类的飞行史永远不会忘记另外的"半个天空"

● 1910年，法国女演员拉罗什成为世界第一位取得驾驶执照的女飞行员

● 美国第一位女飞行员昆比曾当过好莱坞电影编剧和影星，1911年8月1日冲破陈规取得执照后芳名远扬，并成为第一个飞越英吉利海峡的女性

● 美国黑人姑娘科尔曼由于种族和性别双重歧视无法在美国进入航空学校，她苦修法语并远赴巴黎追寻梦想，成为全世界第一个拿到国际飞行执照的黑人妇女

● 最令人肃然起敬又不尽怀念的女子飞行领袖是被誉为"女林德伯格"的埃尔哈特

● 埃尔哈特是首次飞越大西洋和太平洋的女子飞行员。1929年，她联合全世界99名蓝天巾帼成立了"国际女飞行员99协会"并当选主席

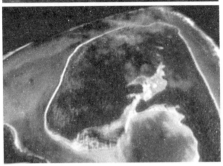

● 1937 年 7 月，埃尔哈特决心实现沿赤道环球飞行的梦想，但在最后三分之一征途中功败垂成，她和导航员努南驾驶的洛克希德飞机失踪于太平洋豪兰岛附近

● 埃尔哈特有句名言："哈姆雷特永远当不了优秀飞行家，因为他顾虑太多。"

● 人们至今仍在探寻和破解埃尔哈特留下的诸多谜团

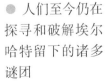

● 铝之所以被称为"带翼的金属",是因为它改变了航空工业的整个面貌

● 尽管铝的含量约占地壳质量的8%,位居金属元素第一名,但由于牢固的化学键而难于提炼,身价一度比金子还贵

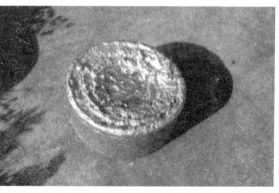

● 法国化学家艾提安制成的金属铝锭首次在 1855 年巴黎世博会和珠宝皇冠一起展出

● 拿破仑三世在宴会上让客人使用金餐具，只有最尊贵的客人才能享用铝餐具

世博会的科学传奇

shibohui de kexue chuanqi

● 1886 年，美国大学生霍尔和法国同龄青年夏洛特同时发明了电解铝工艺，让铝矾土的熔液在阴极上产生金属铝

● 铝在珠宝店的身价从此一落千丈，但在泥土中的家族却飞上了天空

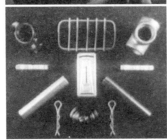

● 1939 年纽约世博会是飞机隆重的"成人礼"

● 航空馆的造型像一个巨大的飞机库，内外陈放和悬挂着各种款式的新机种

● 洛克希德 XC-35 和波音 307 都设计了压力密封舱

● 双引擎单翼全金属的道格拉斯 DC-3 首次使用空中厨房，拥有 28 个坐席或 14 个卧铺

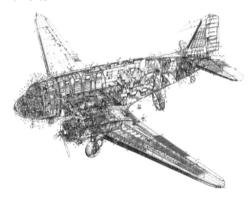

● DC-3 的大翅膀套着许多小翅膀，不仅改进了翅梢的副翼，而且设计了翅后的襟翼，让飞机起降时能增加升、阻力，减少跑道距离

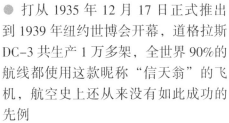

● 打从 1935 年 12 月 17 日正式推出到 1939 年纽约世博会开幕，道格拉斯 DC-3 共生产 1 万多架，全世界 90% 的航线都使用这款昵称"信天翁"的飞机，航空史上还从来没有如此成功的先例

● 为 1939 年纽约世博会鼓与呼的最大举动，是美国百万富翁、好莱坞巨子、著名航空家休斯的环球飞行

● 这架双引擎洛克希德飞机被命名为 1939 纽约世博会号

● 1938 年 7 月 12 日至 14 日，休斯和 4 名机组人员飞经巴黎、莫斯科、西伯利亚和阿拉斯加后返回纽约，创造了 3 天 19 小时 8 分的新世界纪录

人类的翅膀

● 另一件和休斯环球飞行相提并论的纽约世博会大新闻，是 1939 年 4 月 28 日苏联航空英雄科基纳基驾驶着伊柳辛轰炸机从莫斯科出发，首次途经北极直航纽约

● 但恶劣天气迫使这架莫斯科娃号飞机在加拿大东北海岸的密斯库小岛硬着陆。科基纳基被苏联大使馆送到纽约世博会

● 飞机重新定义了战争的概念，战争则成为飞机发展的首要推动力量。第一次世界大战中，羽翼未丰的飞机便把天空变成了战场

● 第二次世界大战时飞机已经成为决定性力量，总共投入飞机数十万架

● 太平洋战争始于日本空袭珍珠港

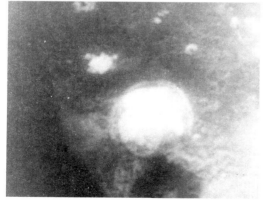
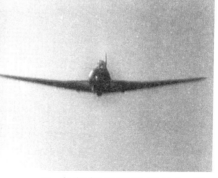

● 第二次世界大战结束于美国 B–29 "超级堡垒" 轰炸机向广岛和长崎投下原子弹

● 先贤们发明飞机的初衷，究竟是为了寻找黑色翅膀的死神还是白色翅膀的天使？

世博会的科学传奇

shibohui de kexue chuanqi

● 1958 年布鲁塞尔世博会宣告了喷气飞机时代的到来

● 比利时政府专门重建了扎芬拉姆机场，以适应五洲来客乘坐的喷气飞机起降

● 世博会上展出了法国卡拉维拉喷气发动机的透明模型

● 放映了英国拍摄的 18 分钟喷气机知识影片

● 不同于活塞发动机带动螺旋桨从飞机前方产生拉力

● 喷气式涡轮发动机让压缩空气和煤油混合燃烧后膨胀做功，高温高速燃气通过与压缩机同轴的涡轮从机尾喷射而出，靠反作用力推动飞机高速前进

● 1949 年 7 月英国首次试飞彗星喷气客机

● 美国波音 707 喷气客机安装 4 台强大的涡轮喷气发动机，巡航速度每小时 1000 公里，成为第一代喷气机最成功的典范。1972 年 2 月 21 日美国总统尼克松乘坐波音 707 飞机到达北京

● 悠悠百年间，蓝天白云依旧，而人类飞机的发展却不断冲击震撼着万里长空

● 英、法两国 1976 年投入营运的协和客机速度达到 2 马赫，即声速的 2 倍

● 2004 年 11 月，美国 X-43 飞机速度已达到 9.8 马赫，比子弹还快

● 1987 年 12 月 14 日，美国飞行员鲁坦和耶格尔驾驶双引擎旅行者号飞机从爱德华兹空军基地出发，经时 9 天 3 分 44 秒完成了首次不停顿、不加油环球飞行

● 谁也无法预料人类明天将怎样飞，飞多快和飞多远

每天都有千万架飞机在大气层中追逐太阳、盈缩昼夜、制造时差。世界上每个角落都不再遥远，我们的行星真正变成了地球村。比尔·盖茨说："飞机才是第一个万维网，把不同的民族、语言、思想和价值联系在一起。"

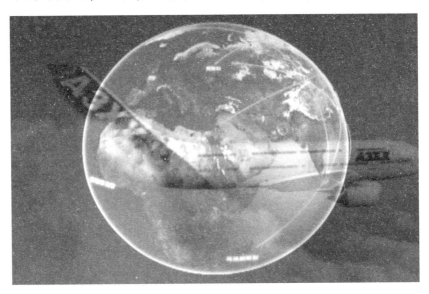

互动问答:

1. 莱特兄弟的专利权曾一度不被承认，你能说出其中的缘由吗？
2. 你能说出美国"独眼雄鹰"泼斯特在航空史上的伟大创举吗？
3. 人类飞行的历史是众多飞行家怀着视死如归的精神谱写而成的，你能说出几个飞行家的故事吗？

(截图整理:郭 璟)